# Justus v. Liebig.

Vortrag in der Hauptversammlung

des

**Vereins deutscher Chemiker**

*Darmstadt 2. Juni 1898*

von

**Jacob Volhard.**

Sonderabdruck aus der

**„Zeitschrift für angewandte Chemie"** 1898. Heft 28.

ISBN 978-3-662-32024-2   ISBN 978-3-662-32851-4 (eBook)
DOI 10.1007/978-3-662-32851-4

Für eine Versammlung von Chemikern, die in Darmstadt 25 Jahre nach dem Tode Liebig's abgehalten wird, ergibt sich der Gegenstand des ersten wissenschaftlichen Vortrags mit einer gewissen zwingenden Nothwendigkeit; er muss handeln von dem berühmtesten Sohne dieser Stadt, dem grössten Förderer unserer Wissenschaft in diesem Jahrhundert, dem vielleicht fruchtbarsten Chemiker aller Zeiten und aller Lande.

Liebig's Leben und Wirken ist zwar schon vielfach beschrieben, sein Ruhm aus allen möglichen Tonarten besungen worden, und ich bilde mir nicht ein, mit Meistern der Rede wie A. W. Hofmann in Wettstreit treten zu können; aber Liebig's Verdienste um unsere Wissenschaft sind so gross, dass man immer und immer wieder darauf zurückkommen darf, und das um so mehr, als der historische Sinn bei den Chemikern der Jetztzeit in kläglichem Rückgange begriffen ist und in der That so wenig gepflegt wird, dass mancher Jünger unserer Wissenschaft von Liebig nur weiss durch den Liebig'schen Kaliapparat, der mehr und mehr durch andere bequemere Apparate ersetzt wird, und durch den Liebig'schen Kühler, den bekanntlich Liebig nicht erfunden hat.

Eine Wissenschaft entwickelt sich nicht in stetem, gleichmässigem Wachsthum wie ein Organismus, sondern ungleichmässig, ruckweise. Eilt sie jetzt in raschem Fluge mit dem feurigen Tempo des thatkräftigen Jünglings voran, so wandelt sie zu andern Zeiten den bedächtigen Schritt des behäbigen Mannes, wie dieser sich mehr in die Breite entwickelnd; auch fehlen nicht die Zeiten, da sie sich mühsam vorwärts schleppt wie das keuchende Alter.

Die Zeiten des jugendlich raschen Fortschritts sind an das Eindringen neuer befruchtender Ideen geknüpft, die, von einzelnen besonders bevorzugten Geistern erfasst und in die Wissenschaft eingeführt, der Forschung neue Ziele und Probleme, der Untersuchung neue Mittel und Wege bieten.

Von diesen seltenen Menschen, die ihrer Wissenschaft frisches Leben einhauchen, sie in beschleunigte Bewegung versetzen, pflegt man eine neue Periode der Wissenschaft zu datiren.

Solche Marksteine in der Entwicklung der Chemie bilden die Namen Stahl, Lavoisier, Berzelius. Mit Liebig beginnt das Zeitalter der organischen Chemie.

Als Liebig seine wissenschaftliche Thätigkeit begann[1]), existirte das, was man jetzt organische Chemie nennt, noch nicht; von Zusammensetzung und Verhalten der Stoffe, die man im Pflanzen- und Thierkörper findet, wusste man sehr wenig. Eine Fülle der merkwürdigsten Entdeckungen im ersten Viertel dieses Jahrhunderts — ich erinnere nur an die Feststellung der Verbindungsverhältnisse gasförmiger Körper, an die Elektrolyse, die Abscheidung der Alkalimetalle und die durch diese ermöglichte Zerlegung vieler bis dahin für einfach gehaltener Oxyde, den Beweis der elementaren Natur des Chlors, die Entdeckung des Jods; ferner die zur Feststellung der Fundamentalgrössen unserer Wissenschaft, der relativen Atomgewichte unternommenen langwierigen Arbeiten, durch die Berzelius die quantitative Mineralanalyse eigentlich erst geschaffen — diese und viele andere Entdeckungen hatten das Interesse der Chemiker bei der Mineralanalyse festgehalten, so dass selbst die grossartigen Untersuchungen Chevreul's nicht alsbald die verdiente Aufmerksamkeit fanden.

Durch die Untersuchung der Knallsäure, die er gemeinschaftlich mit Gay-Lussac ausgeführt hatte, war Liebig in eine andere Richtung geleitet worden; er hatte die Schwie-

---

[1]) J. v. Liebig's eigenhändige biographische Aufzeichnungen, Ber. d. d. chem. Ges. 23 III, 826.

rigkeiten kennen gelernt, mit denen die Ermittlung der Zusammensetzung organischer, d. h. pflanzlicher und thierischer Stoffe damals noch verbunden war, und alsbald erkannt, dass aller Fortschritt in der organischen Chemie von Vereinfachung und Verbesserung der analytischen Methode abhängig sei.

So verwendete er die ersten Jahre seiner akademischen Laufbahn beinahe ausschliesslich auf die Verbesserung der Elementaranalyse, für die er denn auch endlich das bekannte Verfahren auffand, das in Einfachheit der Apparate, Leichtigkeit der Ausführung und Zuverlässigkeit der Resultate selbst den besten analytischen Methoden der anorganischen Chemie nicht nachsteht; seine Ausführung verlangt eigentlich weniger Kenntniss und Geschicklichkeit als eine einfache Mineralanalyse.

Wohl hatte es auch früher nicht an Versuchen gefehlt, die Zusammensetzung organischer Körper zu ermitteln. Schon Lavoisier hatte diesem Problem seine Aufmerksamkeit zugewandt, sobald er erkannt hatte, dass der Weingeist, die Fette, Zucker, die Pflanzensäuren alle die gleichen Elemente enthalten, daher wohl durch das Mengenverhältniss dieser Elemente sich von einander unterscheiden müssen. Dann hatten Gay-Lussac, Thenard, Chevreul, Berzelius und andere an der Lösung dieser Aufgabe sich versucht. Man verbrannte die Stoffe durch Glühen mit Kaliumchlorat, fing die Gase auf und analysirte sie. Liebig's Verfahren, die Kohlensäure in einem gewogenen Apparat aufzunehmen, der das Gas nöthigt, der absorbirenden Lauge eine vielfach erneute Oberfläche zu bieten, was die nämliche Wirkung hat, wie wenn die Flüssigkeit mit dem Gas geschüttelt wird, nämlich vollständige Absorption, und die Art, wie er den letzten Rest der Verbrennungsgase aus dem Rohr in die Absorptionsapparate übertreibt, das ist alles so einfach, dass man sich jetzt kaum mehr vorstellen kann, welche Schwierigkeit die Auffindung dieses Verfahrens verursachte.

Eben diese Einfachheit aber ist der Hauptvorzug seines Verfahrens. Bei der Beschreibung seiner Methode im Handwörterbuch der Chemie hatte Liebig einige Umständlichkeiten des von Berzelius angewendeten Verfahrens abfällig besprochen, was Berzelius in hohem Grade übelnahm. Liebig bittet Wöhler zu vermitteln[2]); er solle Berzelius vorstellen, er, Liebig, habe ja gar nicht behauptet, dass das analytische Verfahren von Berzelius nicht gut sei, man könne damit ebenso gute Analysen

---

[2]) Berzelius u. Liebig, Briefe von 1831 bis 1845, ed. Justus Carrière (München und Leipzig bei J. F. Lehmann) 1893 S. 147.

machen, wie mit dem seinigen, aber Berzelius habe mit Analysen organischer Säuren achtzehn Monate zugebracht und es seien im Ganzen sieben gewesen, während sie, Liebig und Wöhler, in ihrer gemeinschaftlichen Arbeit über die Harnsäure in drei Monaten zweiundsiebzig Analysen ausgeführt hätten, deren keine misslungen sei.

Berzelius und Liebig lernten sich 1830 kennen auf der Naturforscherversammlung in Hamburg, die Liebig, eben um Berzelius zu treffen, besucht hatte. Es knüpft sich daran ein höchst interessanter Briefwechsel[2]), der bis zum Jahr 1845 dauert. Berzelius bringt den glänzenden Leistungen des jüngeren Fachgenossen warmes und freudiges Interesse entgegen, während Liebig's Briefe begeisterte Verehrung des hochverdienten Altmeisters hin und wieder in gradezu poetischem Schwunge zum Ausdruck bringen.

Aber durch alle Verehrung des Meisters lässt sich Liebig nicht abhalten, ihm, wo er es wissenschaftlich nöthig erachtet, entgegenzutreten. Den ersten Anlass zu ernsterem Zwiespalt gab die katalytische Kraft, mit der bekanntlich Berzelius erklären will, dass gewisse Stoffe chemische Reactionen veranlassen, ohne dass sie selbst durch ihre Bestandtheile an der Bildung der Umsetzungsproducte Antheil nehmen. Über die kritischen Bemerkungen gegen die katalytische Kraft, die Liebig im Handwörterbuch der Chemie veröffentlichte, macht ihm Wöhler Vorwürfe. Darauf schreibt Liebig[3]):

„Ich verehre ihn — Berzelius — als Mensch; als Chemiker gibt es Niemand, den ich höher stelle; allein wenn der Mann, wie es meinen, vielleicht trüben Augen erscheint, einen falschen Weg einschlägt, der mir unbedingt schädlich erscheint, soll ich darum meine Meinung nicht ebenso offenherzig aussprechen, soll ich weniger wahr sein und fürchten, ihm wehe zu thun? Ich kann das nicht, es ist meinem ganzen Wesen entgegen. Weisst Du denn nicht, dass die Esel, welche in Deutschland Bücher schreiben, seine katalytische Kraft, ohne zu prüfen, annehmen und unsern Kindern in den Kopf setzen werden, weil sie bequem und die Faulheit begünstigend ist? . . . . . Gibst Du denn nicht zu, dass die ganze Idee von der katalytischen Kraft falsch ist? Und ich soll nicht sprechen, wo das Sprechen eine Pflicht und das Zurückhalten eine Niederträchtigkeit, nicht an anderen, sondern an mir selbst wäre?"

Wahrheitsliebe, strengste, keuscheste Wahrheit im Grossen wie im Kleinen ist ein Grundzug von Liebig's Charakter. Dem Streben nach Ehre und Ruhm, dem Effect gestattet er auch nicht den mindesten Ein-

---

[3]) J. Liebig's u. F. Wöhler's Briefwechsel, ed. A. W. Hofmann, Braunschweig bei Vieweg 1888, I, 103.

fluss auf seine wissenschaftliche Arbeit. Da gibt es kein Aufbauschen über Verdienst und kein Vertuschen eines Irrthums. Selbst das Misslingen eines Experimentes in der Vorlesung würde er niemals sich erlaubt haben, durch irgend einen Kunstgriff zu verbergen.

Berzelius schreibt ihm früher einmal (Briefwechsel S. 6): „Es ist mir immer eine wahre Freude, Ihre Abhandlungen zu lesen wegen der reinen Wahrheitsliebe, die bei Ihnen herrscht und die besonders contrastirt mit Dumas, der alles thut, um zu glänzen, und dem es recht wenig zu sein scheint, die Wahrheit kennen zu lernen."

Die katalytische Kraft ist, beiläufig gesagt, neuerdings wieder zu neuem Leben erwacht; nil novi sub sole! „Die Gegenwart gewisser Stoffe ermöglicht den Eintritt von Reactionen, indem sie dissociirend auf die Körper einwirkt." Das sieht denn doch der seligen Katalyse so ähnlich wie ein Ei dem andern.

Gegenüber Berzelius mehren sich mit der Zeit die Anlässe zu Streitigkeiten. 1839 schreibt Liebig an Berzelius: „Wahrlich ich bin von Verehrung, von Liebe durchdrungen; ich habe Dich als seltenen Geist in der Wissenschaft über Alle gestellt, und ich weiss kaum, ob es Jemand gibt, der als Mensch Dir gleicht. Ich bin wahrhaft unglücklich, Dir so schroff in wissenschaftlichen Ansichten gegenüberzustehen."

Dann heisst es weiter[4]):

„Wir streiten eigentlich um Principien: Du für die Aufrechterhaltung der bestehenden, ich für Vervollkommnung, für eine weitere Ausbildung derselben. Die Principien, welche Du in der theoretischen, philosophischen Chemie aufgestellt hast, sie waren unsere Leiter, unsere Führer viele Jahre lang. Das ganze Gebäude ruht auf diesen Grundlagen. Bis zu einer gewissen Höhe war das Fundament stark genug, aber in demselben Grade, als es sich mehr erhebt, muss seine Grundlage verstärkt, Pfeiler müssen angefügt, eiserne Klammern eingekittet werden. Du willst diese Pfeiler, diese Klammern nicht, weil sie das Äussere entstellen, weil sie dem Ganzen die Harmonie rauben, aber die Symmetrie wird sich von selbst wieder herstellen, denn das Fundament ist unvergänglich."

Man weiss, dass Berzelius in seinen späteren Jahren Widerspruch nicht mehr vertragen konnte, so nimmt es uns nicht Wunder, dass er einige Jahre später eine von den beiderseitigen Freunden behufs einer Verständigung geplante persönliche Zusammenkunft ziemlich unfreundlich ablehnte und damit das Freundschaftsverhältniss zu Liebig abbrach.

Während früher die Zusammensetzung

---

[4]) Briefwechsel S. 202.

einer organischen Substanz zu ermitteln, eine
so schwierige Aufgabe war, dass nur die
grössten Meister der Experimentirkunst mit
einigem Erfolg ihre Lösung versuchten, wird
durch das Liebig'sche Verfahren allgemeinste Betheiligung der Chemiker an der
Untersuchung organischer Verbindungen ermöglicht und in Folge davon rasche Entwicklung der organischen Chemie veranlasst.
Das Verfahren steht mit im Grund unwesentlichen Modificationen noch heute im Gebrauch
und würde, selbst wenn Liebig nichts weiter
geleistet hätte, uns berechtigen, ihn als den
Begründer der organischen Chemie zu bezeichnen.

Die Feststellung der Zusammensetzung
ist aber nur der Anfang der Arbeit, wenn
es sich darum handelt, das chemische Wesen
einer organischen Substanz zu ermitteln.
Um zu erkennen, in welcher Weise die elementaren Atome untereinander gruppirt sind,
unterwerfen wir solche Stoffe der Einwirkung chemischer Agentien, durch die sie in
je nach ihrer Natur verschiedener Weise verändert, zersetzt und zuletzt bis zu verhältnissmässig einfachen Verbindungen jedes
elementaren Atomes gespalten werden. In
dieser Art der chemischen Erforschung von
Pflanzen- und Thiersubstanzen war vor
Liebig kaum ein Anfang gemacht worden,
während Liebig's Untersuchungen über den
Alkohol, die zur Entdeckung des Chlorals

und Chloroforms führten, über die Cyanverbindungen und ganz besonders die gemeinsamen Arbeiten von Liebig und Wöhler noch jetzt als klassische Muster dieser Art, die Constitution organischer Verbindungen zu ermitteln, hingestellt werden dürfen.

Auch viele specielle Arbeitsmethoden, die wir heute noch allgemein benutzen, meist ohne nach ihrer Abstammung zu fragen, sind von Liebig allein oder in Gemeinschaft mit Wöhler zuerst angewendet, so die Darstellung von Estern durch Zersetzung von Säurechloriden mit Alkohol, die Umwandlung von Estern oder Chloriden in Amide, die Bestimmung des Äquivalentes der Basen mit Salzsäure oder mit Platinchlorid, die Oxydation von Amidosäuren zu Nitrilen, die Titrirung von Blausäure und von Harnstoff, die Scheidung der Magnesia von den Alkalien durch Baryt, die Scheidung des Kobalts von Nickel durch Cyankalium, überhaupt die Anwendung von Cyankalium in der Analyse u. a. m. Genug davon.

Ebenso bedeutungsvoll für die Wissenschaft wie diese thatsächlichen Errungenschaften, sind die theoretischen Vorstellungen, die Liebig aus jenen Untersuchungen ableitete.

Als in dieser Hinsicht ganz besonders fruchtbar sind namentlich zwei Arbeiten hervorzuheben, die eine Liebig und Wöhler gemeinsame über das Radical der Benzoësäure, die andere von Liebig allein über die Constitution der organischen Säuren.

Die Freundschaft zwischen Liebig und Wöhler entwickelt sich aus einer wissenschaftlichen Controverse. Für die Knallsäure hatte Liebig die gleiche Zusammensetzung gefunden, wie Wöhler für die Cyansäure. Da man damals die Isomerie noch nicht kannte, so zweifelt Liebig an der Richtigkeit der Wöhler'schen Analysen, und auf Grund der Analyse eines nicht ganz reinen cyansauren Silbers theilt er der Cyansäure eine andere Zusammensetzung zu. Wöhler wiederholt seine Analysen und findet seine früheren Angaben bestätigt. Dies veranlasst einen Briefwechsel zwischen den beiden jugendlichen Forschern, der die innigste und herzlichste Freundschaft herbeiführt, was allerdings nur möglich ist, wo beide Theile nicht Ehre und Vortheil, sondern Wahrheit anstreben.

In dem Briefwechsel, der von 1829 bis zu Liebig's Tod fortgesetzt wird, treten uns beide als Gelehrte und Menschen nahe; wir bewundern das geistig angeregte, unglaublich fleissige, ganz dem Dienst der Wissenschaft gewidmete Forscherleben, zugleich tritt uns eine so neidlose und so freudige gegenseitige Anerkennung und Verehrung entgegen, so innige, ja zärtliche Liebe, solche Liebenswürdigkeit von beiden Seiten, dass man beim Durchlesen im Zweifel bleibt, wem man die eigene

Verehrung, Zuneigung, sagen wir geradezu
Liebe in höherem Maasse zuwenden soll,
dem feurig leidenschaftlichen L i e b i g,
dessen rege Phantasie zu den kühnsten
Schlussfolgerungen drängt, der leicht verletzt
ist und in heftigem Aufbrausen leicht verletzend
wird, aber auch eigene Fehler willig
anerkennt und ohne Übelnehmen sich darum
ausschelten lässt, oder dem bedächtigen
Wöhler, der leidenschaftslos und gemessen,
nie selbst in Streit gerathend, den stürmischen
Freund zu Ruhe und Besonnenheit
vermahnt und in fast übergrosser Vorsicht
jede gewagte Schlussfolgerung scheut. L i e b i g
liebt das Pathos, W ö h l e r ist voll feinen
Humors. Die Briefe bestätigen, was übrigens
in Anbetracht der beiden Charaktere
ohnehin nicht zweifelhaft sein konnte, dass
die bekannten satyrischen Artikel in den
Annalen nicht von L i e b i g, sondern von
W ö h l e r verfasst sind: das enträthselte Geheimniss
der geistigen Gährung, wo die Bildung
des Alkohols Infusorien von der Form
einer Beindorf'schen Destillirblase zugeschrieben
wird, die mit grosser Begierde Zucker
fressen und aus dem Darmkanal Spiritus,
aus den Harnorganen Kohlensäure entleeren.
Ebenso der Brief von S. C. H. W i n d l e r
über das Substitutionsgesetz, wo beschrieben
wird, wie das essigsaure Manganoxydul durch
allmähliche Substitution in Chlorhydrat übergeht
und die für Hospitäler höchst empfehlens-

werthen Unterkleider und Nachtmützen aus gewebtem Chlor erwähnt werden.

Die Anregung, gemeinschaftlich eine Arbeit zu unternehmen, ging von Wöhler aus. Er schreibt unterm 8. Juni 1829 an Liebig: „Es muss wirklich ein böser Dämon sein, der uns immer wieder unvermerkt mit unseren Arbeiten in Collision bringen und das chemische Publicum glauben machen will, wir suchten dergleichen Zankäpfel als Gegner absichtlich auf. Ich denke aber, es soll ihm nicht gelingen. Wenn Sie Lust dazu haben, so können wir uns den Spass machen, irgend eine chemische Arbeit gemeinschaftlich vorzunehmen, um das Resultat unter unserem gemeinschaftlichen Namen bekannt zu machen . . . Ich überlasse die Wahl des Gegenstandes Ihnen." Die erste gemeinschaftliche Arbeit behandelte die Honigsteinsäure.

Die berühmte Arbeit von Liebig und Wöhler über das Radical der Benzoësäure bildet die eigentliche Grundlage der sogenannten Radicaltheorie. Wohl hatte Berzelius schon vorher die organischen Säuren und den Alkohol als Oxyde zusammengesetzter Radicale bezeichnet, aber damit sollte nur ausgedrückt werden, dass hier der mit dem Sauerstoff verbundene Theil nicht elementarer Natur ist, sondern zusammengesetzt; dass jedoch eine Atomgruppe sich ohne Änderung ihrer Zusammensetzung aus der Sauerstoffverbindung herausnehmen, mit Chlor, Brom, Jod, Cyan, Amid, Wasserstoff verbinden lässt, sich also ganz ähnlich verhält wie ein elementares Atom und in diesen verschiedenen Verbindungen die Rolle eines Elementes spielt, diese Vorstellung, die für die Entwicklung der organischen Chemie von fundamentaler Wichtigkeit wurde, ist durch jene Arbeit erst eingeführt und durch Liebig's Untersuchungen über Alkohol und Äther weiter ausgebildet worden.

Ihre Bedeutung liegt darin, dass sie ermöglicht, die pflanzlichen und thierischen Stoffe mit den mineralischen zu vergleichen und zu erkennen, dass beider Verhalten von den nämlichen Gesetzen bedingt wird.

Berzelius erfasst denn auch sofort die eminente Bedeutung jener Arbeit und begrüsst sie mit begeistertem Lob: „Die von Ihnen dargelegten Thatsachen, schreibt er (Annalen d. Chem. u. Pharm. 3, 285), geben zu solchen Betrachtungen Anlass, dass man sie wohl als den Anfang eines neuen Tages in der vegetabilischen Chemie ansehen kann."

Berzelius hatte ganz recht: ein neuer Tag brach an für die organische Chemie, ein Tag, dessen Licht noch leuchtet, nachdem dem Führer des Sonnenwagens längst die Zügel entfallen sind. Aus der Radicaltheorie haben sich unsere Ideen von der Constitution der organischen Verbindungen entwickelt.

Nicht minder wichtig für die theoretische Chemie ist Liebig's Arbeit über die Constitution der organischen Säuren. Die Unterscheidung zwischen Atom- und Äquivalentgewicht, aus der die Lehre von dem verschiedenen Äquivalentwerth der elementaren Atome und deren gegenseitiger Bindung hervorgegangen ist, sie findet sich zuerst erkannt und ausgesprochen in jener denkwürdigen Abhandlung. Es wird da gezeigt, dass bei vielen Säuren zwei oder mehr Äquivalente zu einem untheilbaren Ganzen, zu einem zusammengesetzten Atom oder, wie wir jetzt sagen, einem Molekül vereinigt sind.

Die Übertragung dieser Vorstellung von den zusammengesetzten auf die elementaren Atome, diese Grundlage unserer jetzigen Theorien, hat Liebig selbst eingeleitet. In dem 1843 erschienenen Handbuch der organischen Chemie erklärt er bei Besprechung der Constitution des Brechweinsteins vollkommen klar und deutlich, dass ein Atom Antimon drei Atomen Wasserstoff äquivalent ist und in den neutralen Salzen drei Atome Wasserstoff der Säure vertritt.

„Ein grosser Theil der jetzigen Anschauungsweise", sagt Kekulé (Lehrbuch I, 82), „ist in der That nichts weiter als eine weitere Ausdehnung und consequentere Durchführung der in der Theorie der mehrbasischen Säuren benutzten Betrachtungsweise."

Was Liebig's unermüdliche Forscherthätigkeit an einzelnen neuen Thatsachen, als Entdeckung neuer Körper, Feststellung der Zusammensetzung und des chemischen Verhaltens vorher zwar bekannter, aber ungenügend untersuchter Stoffe, Ermittelung der Bestandtheile von pflanzlichen und thierischen Substanzen, Aufklärung chemischer Vorgänge, zu Tage gefördert hat, ist ein so massiges Material, dass es kaum möglich scheint, in der kurzen Zeit, die mir hier zur Verfügung steht, davon eine Übersicht zu geben. Ich nehme davon um so mehr Abstand, als ich auf eine klassische Zusammenstellung der Arbeiten Liebig's verweisen kann. A. W. Hofmann hat in seiner Faraday lecture[5]) die wichtigsten der von Liebig entdeckten oder untersuchten Stoffe nicht nur beschrieben, sondern auch in Substanz seinem Publicum vorgestellt und ihr Verhalten durch geeignete Versuche demonstrirt. So fesselnd und lehrreich eine solche plastische Darstellung auch sein muss, so setzt doch jener Vortrag, wenn er so gehalten wurde, wie er gedruckt ist, — und man hat beim Lesen ganz den Eindruck, als ob das geschehen sei — bei dem ungeheuren Umfange des Materials die zähe Ausdauer eines englischen Publicums voraus, das jedes Zeichen

---

[5]) Zur Erinnerung an vorangegangene Freunde von A. W. Hofmann (Braunschweig, Vieweg) 1888, I, 195—307.

der Übermüdung für shocking erachtet; für ein deutsches Publicum müsste ein solcher Vortrag durch wenigstens zwei Frühstückspausen unterbrochen werden.

Mit Übergehung aller Einzelarbeiten wende ich mich also zu den von Liebig entdeckten Gesetzen der pflanzlichen und thierischen Ernährung.

Die Gesetze, nach denen chemische Reactionen verlaufen, bleiben sich überall gleich, sie sind die nämlichen bei den organischen Körpern wie bei den mineralischen. Diese Erfahrung hatte Liebig als Hauptergebniss seiner eigenen und der mit Wöhler gemeinsam ausgeführten Arbeiten in der Radicaltheorie zum Ausdruck gebracht. Nun ist freilich das Leben der Pflanze und des Thieres von vielerlei Bedingungen abhängig, die uns theilweise noch räthselhaftes Dunkel verhüllt; zum Theil beruhen aber auch die Lebenserscheinungen auf stofflichen Veränderungen der die Organismen zusammensetzenden Körper, und diese Veränderungen als chemische Vorgänge müssen den nämlichen Gesetzen unterworfen sein, die auch das chemische Verhalten jener Pflanzen- und Thierbestandtheile ausserhalb des Organismus bedingen. Die chemischen Grundlagen des Pflanzen- und Thierlebens müssen sich daher mittels derselben Methoden erforschen lassen, deren Anwendung wir das Verständniss anderer chemischer Vorgänge verdanken.

Das ist der Gedanke, der die Untersuchungen Liebig's über die Ernährung der Pflanzen und Thiere mit seinen früheren Arbeiten verbindet.

Die allgemeinen chemischen Grundlagen des Pflanzen- und Thierlebens lassen sich der Hauptsache nach in wenige Sätze zusammenfassen:

Die Pflanze lebt von unorganischem Material. Kohlensäure, Wasser, Ammoniak oder Salpetersäure liefern die Elemente zum Aufbau der pflanzlichen Stoffe, der im Wesentlichen ein Reductionsprocess ist.

Dem pflanzlichen Leben gerade entgegengesetzt ist das thierische. Die Nahrung des Thieres besteht aus den durch die pflanzliche Lebensthätigkeit gebildeten organischen Verbindungen, die im thierischen Organismus wieder zersetzt und unter Mitwirkung des Sauerstoffs zurückverwandelt werden in Kohlensäure, Wasser, Ammoniak, die Stoffe, die der Pflanze zur Nahrung dienen. Die Pflanze nimmt Kohlensäure auf und gibt Sauerstoff ab; das Thier athmet Sauerstoff ein und Kohlensäure aus; der Chemismus des Thierkörpers ist wesentlich Oxydationsprocess.

Verbraucht die Pflanze, um aus den Oxyden Sauerstoff auszuscheiden, lebendige Kraft, die ihr in der Sonne leuchtenden Strahlen zuströmt, so wird diese Kraft in den pflanzlichen Gebilden, in Eiweiss, Zucker,

Stärke, Fett aufgespeichert, um bei deren Zersetzung und Oxydation im Thierkörper wieder disponibel zu werden als mechanische Kraft, die zur Bewegung und Arbeitsleistung befähigt, oder als Wärme, welche die thierische Eigenwärme erhält.

Das thierische Leben ist also durchaus bedingt durch die Existenz der Pflanze, die nicht nur die Nahrung des Thieres, sondern auch den für die Athmung nöthigen Sauerstoff liefert, indem sie durch Reduction der Kohlensäure die Atmosphäre in stets gleichbleibender Beschaffenheit erhält.

Dagegen ist die Existenz und Fortdauer des pflanzlichen Lebens nicht in gleicher Weise von dem der Thiere abhängig, denn auch ohne deren Mitwirkung werden die pflanzlichen Stoffe mit Luft und Feuchtigkeit in Berührung durch Gährung, Fäulniss Verwesung gerade so zerstört wie im thierischen Organismus und in die Stoffe verwandelt, die für eine neue Pflanzengeneration die Nahrung bilden.

Unerlässlich für die Ernährung der Pflanzen sind die mineralischen Salze, die beim Verbrennen der Pflanze als Asche zurückbleiben; die Fruchtbarkeit des Bodens beruht eben auf seinem Gehalt an diesen mineralischen Pflanzennährstoffen. Was von diesen durch die Ernten dem Boden entzogen wird, muss ihm ersetzt werden, um seine Fruchtbarkeit dauernd zu erhalten.

Aber der Feldbau, wie er von Alters her betrieben wird, leistet diesen Ersatz nicht vollständig, denn die Aschenbestandtheile der verkauften pflanzlichen und thierischen Producte bleiben ohne Ersatz. Die gewöhnliche Stallmistwirthschaft ist daher ein Raubbau, der nothwendig zur Erschöpfung des Bodens und schliesslich zur Verarmung führen muss.

Den Bestandtheilen der thierischen Nahrung kommt je nach ihrer Zusammensetzung verschiedene Function zu. Die stickstofffreien sind zwar vorzüglich geeignet, die Respiration zu unterhalten, indem sie den eingeathmeten Sauerstoff in Beschlag nehmen, sie vermögen aber nicht die zerstörten stickstoffhaltigen Gebilde des Thierkörpers wiederherzustellen. Die Nahrung muss also zugleich und in geeignetem Verhältniss respiratorische und plastische Nährstoffe enthalten.

Das etwa wäre das Aussehen der Liebig'schen Lehren von dem ewigen Kreislauf des Stoffes in der belebten Natur und den Grundlagen der pflanzlichen und thierischen Ernährung, wenn wir sie so betrachten, wie ein Wanderer die grosse Stadt, die in weiter Ferne am Horizont auftaucht. Er sieht nichts von den mächtigen Fundamenten, den stützenden Pfeilern, den verbindenden Strassen und Brücken, sondern nur die hochragenden Thürme und massigen Paläste.

Der imposante Anblick lockt, näher heran zu kommen; aber wir müssen uns versagen, in die Thore einzutreten und die Strassen zu durchwandern, denn da ist zu vieles, das uns fesseln würde, und wir wollen doch noch einige andere Gefilde durchstreifen.

Nur darauf möchte ich noch hinweisen, dass da, wo jetzt weithin die breiten Strassen sich erstrecken, vor Liebig nur spärliche Anfänge dürftiger Hütten standen.

Ausser in einzelnen Abhandlungen hat Liebig diese Lehren zusammenfassend niedergelegt in den Werken: die organische Chemie in ihrer Anwendung auf Agricultur und Physiologie; die Thierchemie oder organische Chemie in Anwendung auf Physiologie und Pathologie, sowie endlich in seinen chemischen Briefen. Diese Werke erschienen erstmalig 1840, 42 und 44. Es sind Meisterwerke der Darstellung, klar, fesselnd, überzeugend, voll grossartiger Gedanken und wahrhaft prophetischer Geistesblitze.

Viel, heftig, lange bestritten haben sich die Liebig'schen Ideen über Pflanzen- und Thierernährung schliesslich zu allgemeiner Anerkennung durchgerungen.

Sie haben die Agriculturchemie und die physiologische Chemie in's Leben gerufen, zwei neue Wissenschaftszweige, deren Vertreter wohl zwei Jahrzehnte lang fast ausschliesslich damit beschäftigt waren, die Consequenzen aus Liebig's Lehren experimentell zu prüfen und in's Detail zu verfolgen.

Haben diese Arbeiten, an denen hunderte von tüchtigen Chemikern viele Jahre lang thätig waren, ergeben, dass Liebig im Allgemeinen die Verhältnisse vollkommen richtig auffasst, so musste doch selbstverständlich dies oder jenes im Einzelnen als irrig oder der Modification bedürftig erkannt werden.

So haben sich seine Ansichten über die Ursachen der Pflanzenkrankheiten, über die sogenannte Müdigkeit der Felder für einzelne Pflanzenarten, Kleemüdigkeit, Rübenmüdigkeit durch die neueren Arbeiten über die Pflanzenschädlinge als irrig erwiesen, und die Vorstellung, dass die Pflanze ihren Stickstoff ausschliesslich aus Ammoniak oder Salpetersäure entnehme, bedarf nach den epochemachenden Beobachtungen Hellriegel's für gewisse Fälle der Einschränkung. Dagegen hat auch wieder gerade die neueste Zeit für andere seiner Ideen überraschende Bestätigung gebracht.

Im Ganzen kann man nur staunen, wie wenig von den Liebig'schen Lehren, die noch heute die Grundlage für die Physiologie der Ernährung und des Stoffwechsels bilden, als correcturbedürftig erwiesen worden ist.

Alle im Vorhergehenden erwähnten oder nur angedeuteten Arbeiten und viele andere, von denen garnicht die Rede war, zusammen eine wissenschaftliche Leistung von einem Umfang und einer Bedeutung, wie sie weder vor noch nachher jemals von einem einzelnen Menschen geleistet worden ist, hatte Liebig bereits hinter sich, als er in das 41. Lebensjahr eintrat.

Er arbeitete aber auch mit beispielloser Intensität des Denkens und Schaffens und mit unermüdlicher Ausdauer. Es sagt selbst von dieser leidenschaftlichen Arbeit:

„Ein wissenschaftliches Problem war mir wie ein Alp, der auf mir lastete, es liess mir keine Ruhe, ich konnte davon nicht loskommen, bis ich es glücklich zum Abschluss gebracht hatte; dann war ich wie von einer Krankheit genesen und nicht selten interessirte mich dann der Gegenstand für lange Jahre nicht mehr."

Ganz ähnlich schildert Goethe die Art seines Schaffens; auch ihm war die dichterische Gestaltung zwingende Nothwendigkeit, um sich von den Gedanken loszuringen, die sein ganzes Wesen einnahmen.

Es kann uns nicht wundern, dass Liebig's keineswegs besonders kräftiger Körper unter der durch Wochen und Monate Tag und Nacht fortgesetzten Arbeit oft schwer zu leiden hatte. In dem Briefwechsel mit Wöhler begegnet uns wieder und wieder die Klage über den elenden Gesundheitszustand:

„Ich rechne darauf, schreibt Liebig an

Wöhler[6]), Dich mit Deiner Frau hier zu sehen, damit mir das Leben geniessbar werde. Wahrlich, ich geniesse es nicht; es ist nicht der Mühe werth zu leben; man arbeitet, bis man krank ist, und macht sich wieder gesund, um zu arbeiten, und so geht es fort."

Ein andermal schreibt er aus Darmstadt[7]):

„Leider ist mein körperlicher Zustand die ganze Ferienzeit über so unerträglich, dass ich nicht sagen kann, ich freue mich, in meiner Vaterstadt zu sein. Ich muss jede Gesellschaft meiden, um mich, im Sinne des Wortes, nicht zu verfressen, weil auch nur die kleinste Unvorsichtigkeit mich tagelang büssen lässt. Wie es mit dem Humor aussieht, will ich Dir nicht beschreiben; kurz ich bin meines Lebens beinahe müde und kann mir denken, dass Todtschiessen oder Halsabschneiden in manchen Fällen kühlende Mittel sind. Die geringste geistige Anstrengung ermattet mich so, dass ich sie ganz aufgeben muss." Es folgt dann eine Jeremiade über die Unzulänglichkeit des ärztlichen Wissens und Könnens, die mit den Worten beginnt: „Was ist doch die Arzneikunde für eine elende miserable niederträchtige Sache."

---

[6]) Briefwechsel, I, 153.
[7]) Ibid., I, 47.

Wöhler erwidert ihm:

„Du bist wieder krank an der specifischen Krankheit der Chemiker, der hysteria chemicorum, erzeugt durch übermässige geistige Anstrengung, Ehrgeiz und schlechte Laboratoriumsatmosphäre. Alle grossen Chemiker leiden daran."

Neben seinen experimentellen Untersuchungen entfaltete Liebig eine höchst fruchtbare schriftstellerische Thätigkeit. Mit Poggendorff gab er das Handwörterbuch der Chemie heraus, für dessen erste Theile er viele Artikel selbst bearbeitete. Daran reiht sich die Neubearbeitung des Handbuchs der Chemie von Geiger, dessen zweiter Theil, „die organische Chemie", eine ganz selbstständige Arbeit und zwar nicht blos eine Zusammenstellung des bekannten Materials vorstellt, sondern eine Fülle für die damalige Zeit neuer Beobachtungen und Erklärungen enthält. 1832 übernahm Liebig die Redaction der Annalen der Chemie und Pharmacie, die durch ihn sehr rasch die angesehenste chemische Zeitschrift der Welt geworden sind. Sie gab ihm vielfach Veranlassung zu Kritiken, in denen hin und wieder die Leidenschaftlichkeit seiner Natur zum Durchbruch kommt. Er hält es für Pflicht, als entschiedener Gegner überall da aufzutreten, wo er glaubt, dass der Wahrheit Gewalt angethan wird.

„Ich bin nicht streitlustig von Natur,"

schreibt er später einmal[8]), „wenn ich aber dazu gebracht werde, so steigert sich in mir das Interesse an der Sache; alle meine Thätigkeiten sind gehoben, aber nicht wie in der Leidenschaft, die blind und unbedacht macht; es ist eine Art von Lust am Kampfe; meine Sinne sind wie geschärft und neue Kräfte strömen mir zu."

Wöhler bemüht sich vergebens, den Freund vom Streite abzuhalten; er schreibt[9]):

„Mit Marchand oder sonst Jemand wieder Krieg zu führen, es bringt keinen Segen, der Wissenschaft wenig Nutzen. Du consumirst Dich dabei, ärgerst Dich, ruinirst Deine Leber und Deine Nerven zuletzt durch Morisson'sche Pillen. Versetze dich in das Jahr 1900, wo wir wieder zu Kohlensäure, Wasser und Ammoniak aufgelöst sind und unsere Knochenerde vielleicht wieder Bestandtheil der Knochen von einem Hunde ist, der unser Grab verunreinigt; wen kümmert es dann, ob wir in Frieden oder Ärger gelebt haben; wer weiss dann von Deinen wissenschaftlichen Streitigkeiten, von der Aufopferung Deiner Gesundheit und Ruhe für die Wissenschaft. Niemand, aber Deine guten Ideen, die neuen Thatsachen, die Du entdeckt hast, sie werden, gesäubert von alledem, was nicht zur Sache gehört, noch

---

[8]) Ibid., II, 147.
[9]) Ibid., I, 224.

in den spätesten Zeiten bekannt und anerkannt sein. Doch wie komme ich dazu, dem Löwen zu rathen, Zucker zu fressen!"

Wir haben einen knappen Überblick über die von Liebig eingeführten Methoden und theoretischen Vorstellungen, über die von ihm entdeckten Naturgesetze und über seine schriftstellerische Thätigkeit, zu geben versucht. Von seiner Lehrthätigkeit von der Einführung des chemischen Laboratoriumsunterrichtes war noch gar nicht die Rede, und doch ist dies der originalste und fruchtbarste Theil seiner Lebensarbeit. Der originalste — keiner der grossen Chemiker aus dem Ende des vorigen und Anfang dieses Jahrhunderts, weder Berzelius noch Gay Lussac oder Chevreul oder Thenard, weder Mitscherlich noch Heinrich Rose hatten je daran gedacht, Schüler heranzubilden; es war eine besondere Vergünstigung, wenn sie einem bereits in chemischen Arbeiten, sei es durch die Apotheke, sei es autodidaktisch eingeübten, besonders strebsamen Manne gestatteten, an ihren Arbeiten theilzunehmen.

In der Einführung des Laboratoriums-Unterrichtes tritt ein Charakterzug Liebig's zu Tage, der sich in fast allen seinen Arbeiten bemerklich macht, nämlich die Tendenz, jede neue Erfahrung alsbald der Allgemeinheit nutzbar zu machen. Zeuge dessen sein Fleischinfusum für Kranke, sein Fleischextract, die Anweisungen zur zweckmässigsten Zubereitung des Fleisches, die er seiner berühmten Untersuchung der Bestandtheile des Fleisches beifügt, seine Vorschrift für ein der Muttermilch möglichst gleiches Nahrungsmittel für Säuglinge, sein Verfahren zur Entsäuerung des Brotes, sein Backpulver zur Bereitung von Brot ohne Hefe oder Sauerteig, seine Bemühungen, die verderbliche Arbeit der Spiegelherstellung mit Amalgam durch die Versilberung des Glases zu verdrängen, sein harter und unablässiger Kampf für die Reform des Feldbaues.

Den Mangel jeder Gelegenheit, sich praktisch in chemischen Arbeiten zu unterrichten, hatte Liebig auf der Universität bitter empfunden; hier vor Allem drängte es ihn Abhülfe zu schaffen.

Bekanntlich war Liebig sich seines Lebensberufes klar bewusst geworden in einem Alter, in dem die Gedanken gewöhnlicher Sterblicher noch kaum über die kindischen Spiele hinausreichen. Die präparativen Arbeiten seines Vaters, der für sein Materialgeschäft manche Farben, Firnisse, Lacke selbst zu bereiten pflegte und für diesen Zweck sich ein kleines Laboratorium eingerichtet hatte, lenkten das Interesse des Knaben sehr früh der Chemie zu, und mit 14 Jahren hatte er schon alles, was ihm von chemischen Werken aus der Darmstädter Hofbibliothek zugänglich war, durchstudirt und die da angegebenen Versuche soweit möglich nachgemacht. Sie werden Gelegenheit haben, sich zu überzeugen, dass die hiesige Hofbibliothek eine sehr reiche Sammlung älterer chemischer Werke besitzt. Ebenso ist bekannt, dass er in der Schule für faul und unfähig galt. Ich hörte ihn selbst davon erzählen. Mein Nachbar, erzählte er, war ein gewisser Reuling; wir machten einander den untersten Platz in der Klasse streitig; während ich an meine chemischen Experimente dachte, pflegte Reuling heimlich in ein Heft unter der Tischplatte emsig zu schreiben. Was machst du denn da? Ich componire. Gelegentlich der Naturforscherversammlung in Graz, erzählte er weiter, blieb ich mit Wöhler einige Tage in Wien. Um über den Abend zu disponiren, sahen wir uns die Theateranzeigen an; da stand Kärnthnerthor-Theater, grosse Oper unter Direction des k. k. Hofcapellmeister Reuling. Sollte das am Ende mein alter Schulcamerad sein! Wir gingen dorthin; richtig, da stand er am Dirigentenpult; wir feierten ein recht fröhliches Wiedersehen.

Das Liebig'sche Droguengeschäft hatte sich allmählich vergrössert und der Eigenthümer fing an, auf einen Gehülfen und Nachfolger zu denken. Dazu bestimmte er zuerst seinen ältesten Sohn Louis. Dieser starb aber sehr bald. Da ging der Vater auf den folgenden Sohn Justus über und nahm ihn aus einer unteren Klasse des Gymnasiums in das Geschäft. Die Art wie Justus sich da zeigte, sein Eifer und seine Intelligenz waren derart, dass der Vater sich entschloss, und zwar ganz aus eigenem Antrieb, ohne äussere Anregung, ihn wieder aus dem Geschäfte herauszunehmen und studiren zu lassen. Bekanntlich wurde zuerst ein Versuch mit einer Apotheke gemacht, damals der gewöhnliche Weg, sich für Chemie vorzubereiten. Nachdem dieser nicht angeschlagen hatte, setzte sich der Vater brieflich mit dem damals angesehensten deutschen Professor der Chemie, Kastner in Bonn, in Verbindung und überraschte den Sohn mit der Weisung, zusammenzupacken und nach dieser Universität abzureisen[10]). Dieser verständige Entschluss verdient umsomehr anerkannt und der Nachwelt überliefert zu werden, als der nächstfolgende Sohn noch ganz unreif, der Vater daher genöthigt war, das Geschäft noch lange Jahre allein fortzuführen.

Die Universitätszeit benutzte Liebig sehr fleissig, um das nachzuholen, was er im Gymnasium versäumt hatte. Nach einem Portrait aus seiner Studentenzeit muss er ein bildhübscher Junge gewesen sein, recht gemacht, um mit seinen grossen, dunkeln,

---

[10]) Privatmitteilung des Herrn Prof. F. Knapp, den ich für diese und andere Notizen hier besten Dank sage.

strahlenden Augen die Herzen der Mädchen zu bezaubern. Er aber dachte nur an eine, und die war im Vaterlande nicht zu finden, Donna Chemia, die in schwer erreichbarer Ferne an den Ufern der Seine ihre Hofhaltung hatte.

Er folgte Kastner von Bonn nach Erlangen, da ihm dieser versprochen hatte, einige Mineralien mit ihm zu analysiren; „aber", sagt Liebig in seinen autobiographischen Notizen, „Kastner wusste es selbst nicht und niemals führte er eine Analyse mit mir aus."

Die Chemie ist dem hochherzigen Fürsten dieses Landes, dem Grossherzog Ludwig I., der dem jungen Liebig durch ein Reisestipendium ermöglichte, seine Studien in Paris fortzusetzen, und ihm dann in Giessen, aus eigener Machtvollkommenheit und ohne die Universität zu fragen, eine Stätte der Wirksamkeit eröffnete, zu ewigem Dank verpflichtet.

Der Sinn für Wissenschaft und Kunst hat sich in diesem Herrscherhaus lebendig erhalten, wie die Stätte erweist, an der wir hier tagen, dieses prachtvolle Institut, eine Musteranstalt, nach der von allen Seiten die wissbegierige Jugend herbeiströmt.

Als Liebig nach zweijährigem Studium in Bonn und Erlangen 1820 nach Paris zog, war er $17\,^1/_2$ Jahre alt; mit 21 Jahren wurde er in Giessen Professor.

Eingedenk der Schwierigkeiten, die er bei der eigenen Ausbildung empfunden hatte, ist es das erste, was Liebig thut, sobald er 1824 sein Amt in Giessen angetreten, dass er ein Unterrichtslaboratorium einrichtet. Wo diese ersten Anfänge praktischen Unterrichts gemacht wurden, konnte ich nicht ermitteln, vermuthlich in den Zimmern seiner gemietheten Privatwohnung. Er war nämlich anfänglich als Extraordinarius für pharmaceutische Chemie angestellt[11]), das Ordinariat für Chemie und Mineralogie bekleidete Dr. Wilh. Ludwig Zimmermann aus Bickenbach a. d. Bergstrasse gebürtig. Liebig beantragt, gemeinsame Verwendung des dem Ordinarius zustehenden Credits, was natürlich abgelehnt wurde; zwar wurde ihm ein jährlicher Etat von 100 fl. für Anschaffung von Reagentien bewilligt, aber die Verfügung über den Etat zur Anschaffung von Instrumenten behielt der Ordinarius und Liebig wurde nur der Mitgebrauch der Apparate und Instrumente gestattet. Im November 1825 berichtet Liebig: „Die Unterhaltung eines Famulus kostete mich allein 72 fl., und ich war deshalb gezwungen, um meiner

---

[11]) Für die nachstehenden Mittheilungen über das Liebig'sche Laboratorium bin ich dem dermaligen Rector der Universität Giessen, Herrn Prof. Dr. Spengel, der die Güte hatte, die diesbezüglichen Universitätsacten nachzuschlagen, zu lebhaftem Danke verpflichtet.

Pflicht Genüge leisten zu können, aus meinen Privatmitteln sehr viele und für mich sehr drückende Ausgaben zu machen, welche beinahe meine Besoldung und übrigen Ausgaben überstiegen."

Zimmermann starb schon im nächsten Jahre; da wurde Liebig das Laboratorium neben der früheren Kaserne überlassen, das bis dahin von Prof. Zimmermann benutzt worden war.

Die alte Kaserne auf dem Seltersberg war nach Wegverlegung der Garnison der Universität überwiesen worden. Der lange mehrstöckige Bau enthielt, als ich in Giessen studirte, die innere und chirurgische Klinik, sowie die Universitäts-Bibliothek und eine Sammlung von Gypsabgüssen antiker Bildwerke. Er ist flankirt von zwei kleinen Häuschen, die nach der Strasse hin in offene Säulenhallen auslaufen, die ehemaligen Wachtlocale. Das eine dieser Häuschen war das chemische Laboratorium. Es enthielt über einer Stiege die Dienstwohnung des Professors, während im Parterre das chemische Laboratorium sich breit machte. Die offene Halle, in der ehemals die Schildwache auf- und abgewandelt war, diente noch in meiner Studentenzeit zu Arbeiten, die mit Gestank oder Feuersgefahr einhergehen. Die dahinter liegende ehemalige Wachtstube, wo einst die Grenadiere auf der Pritsche liegend beschaulich über die Annehmlichkeiten des

Soldatenstandes nachgedacht oder auch von den heimischen Gefilden geträumt hatten, richtete Liebig zum Unterrichtslaboratorium ein; es war der grösste Raum des Hauses $5^1/_2$ zu $6^3/_4$ m, also nicht ganz 38 qm gross. Ausserdem enthielt das Erdgeschoss noch eine kleine Waschküche und 3 Räume von der Grösse sehr bescheidener Wohnzimmer, in denen das Auditorium, ein Arbeitsraum für den Professor, Waagen und Instrumente, Vorräthe von Glas, Porzellan und Materialien untergebracht werden mussten. Das Hauptlaboratorium enthielt 9 Arbeitsplätze.

Das ist nun freilich im Vergleich zu den Palästen der jetzigen chemischen Institute von kläglicher Dürftigkeit. Aber item, es war der einzige Platz in der ganzen Welt, wo angehenden Chemikern ein mit praktischen Übungen verbundener Unterricht geboten wurde. Daher fanden sich denn auch alsbald die Schüler ein, um sich von dem jungen Professor, der durch seine Arbeiten über Knallsäure und cyansaure Salze sich bereits einen Namen gemacht hatte, in die Wissenschaft einführen zu lassen.

Liebig wendet dem Unterricht eine ausserordentliche Sorgfalt zu; er benutzt alle Mittel, um die Schüler zu interessiren und ihren Eifer anzuspornen, und verbindet die praktischen Übungen mit Repetitorien und Examinatorien.

In den Annalen (17, 119) lesen wir von

einer Preisvertheilung im chemischen Laboratorium zu Giessen. Um, wie er sagt, seine Anerkennung des ausgezeichneten Fleisses seiner diesjährigen Schüler auf eclatante Weise zu bethätigen, ladet er die Schüler zu einer Prüfung ein, in der ihnen dreissig Fragen zu schriftlicher Beantwortung vorgelegt werden. Für die besten Bearbeitungen setzt er zwei Preise aus: ein Laborirmesser mit Platinklinge und Garnirung von Silber und Palladium; der zweite Preis besteht in einer chemischen Lampe; die acht nächstfolgenden erhalten gerichtlich beglaubigte Ehrenzeugnisse.

Liebig bemerkt dazu: „Ich gestehe, dass ich über den Erfolg dieses Aufrufs überrascht gewesen bin. Aller Eifer schien noch um's Vielfache belebter, allen schienen die Kräfte gewachsen zu sein; ich war erfreut und wahrhaft beglückt über die Masse von Kenntnissen, über die Gründlichkeit des Studiums, von denen die Beantwortungen die unwidersprechlichsten Belege waren. Jeder meiner Zuhörer, der an der Preisbewerbung Antheil nahm, lernte den Umfang seines Wissens, lernte seine Schwächen kennen."

„Dieser Versuch", heisst es am Schluss, „hat mich von der Nützlichkeit dieser Einrichtung so sehr überzeugt, dass ich sie für die Zukunft beibehalten werde."

Ich führe dieses Vorkommniss an, da es an die neuerdings von dem Verband der

deutschen Laboratoriumsvorstände eingeführte
Prüfung erinnert, der ja diejenigen, die damit Erfahrung gemacht haben, auch einen
ungemein günstigen Einfluss auf Fleiss und
Strebsamkeit der Schüler zuschreiben.

Im Anfang der dreissiger Jahre, als Liebig mit seiner Methode der Elementaranalyse
in's Reine gekommen war und die Zusammensetzung des Chinins, Strychnins, Morphins,
Narcotins, Atropins und fast aller damals
bekannten Alkaloïde festgestellt hatte, ebenso
die Zusammensetzung des Salicins, der Äpfel-
säure, Chinasäure, Hippursäure, Harnsäure
und vieler anderer Körper, als seine Untersuchungen über die Einwirkung von Chlor
auf Alkohol, die Constitution des Äthers
und seiner Verbindungen, die Oxydation des
Alkohols erschienen, da verbreitete sich der
Ruhm des jungen Chemikers sehr rasch und
zwar zuerst im Ausland, namentlich in England. Dies ist nicht zu verwundern. Während man in Deutschland kaum wusste, was
Chemie ist, war das Interesse für unsere
Wissenschaft in England seit Priestley und
Cavendish durch Dalton, Humphrey
Davy, Faraday, um nur die allerhervor-
ragendsten zu nennen, stets rege erhalten
worden, und in Frankreich hatten Ber-
thollet, Proust, Gay Lussac, Thenard,
Chevreul und andere mehr für die Con-
tinuität der chemischen Tradition auf's beste
gesorgt. Allmählich aber drang der Ruf

des grossen Chemikers auch nach Deutschland und in sein engeres Vaterland ein.

Die Folge davon war, dass die Regierung die Subvention für das Laboratorium erhöhte, gelegentlich auch ausserordentlichen Zuschuss zur Vervollständigung des Inventars gewährte und 1835 für die Vergrösserung des Instituts nahezu 6000 fl. aussetzte.

Nun begannen die Schüler aus aller Welt dem berühmten Laboratorium zuzuströmen, nicht zum wenigsten aus Hessen-Darmstadt, wo es als ein neu entdeckter Beruf aufkam, Chemie zu studiren. Dass dies mit einigem Erfolg geschehen ist, beweisen die Namen der als Lehrer hoch angesehenen Knapp, Büchner, Schoedler, Ettling, Ad. Strecker, A. W. Hofmann, Kekulé, der Techniker Sell, G. Merck, Böckmann, Weidenbusch, Luck, Clemm. Viele nachmals berühmte Chemiker aller Lande finden wir da als Schüler im Giessener Laboratorium. Ich erinnere nur an die Namen Pettenkofer, Kopp, Will, Buff, Fehling, v. Babo, Stoelzel, Bromeis, Fresenius, Poleck, Schlossberger, Krocker, Erlenmeyer, J. Lehmann, Henneberg, C. Schmidt (Dorpat), sämmtlich Professoren an deutschen Hochschulen; die Techniker Vohl, Bensch, Rieckher, Schlieper, Fleitmann, Guckelberger, Gundelach, Engelhardt, Mor. Traube, Bodo Unger, Rüling, ferner A. v. Planta, Plantamour; an die Franzosen Charles Gerhardt, Ad. Wurtz, Verdeil, Dollfuss, Nickles, die Engländer und Amerikaner — in Giessen bestand viele Jahre eine englische Colonie — Muspratt, Williamson, Alex. Brown, J. Allan, John Blyth, John Hall, Gladstone, Horsford, Madrell, Wetherill, Gibbs, Rogers, Stenhouse, Playfair, die Russen Zinin, Laskowski, Sokoloff. Nicht selten kamen schon im Amt stehende Professoren nach Giessen, um sich unter des Meisters eigener Leitung in dessen Methode der Forschung und des Unterrichts einzuarbeiten, so der berühmte Graham, R. Kane, O. L. Erdmann u. a. m.

Im Laufe der dreissiger Jahre erscheint nun die lange Reihe von epochemachenden Untersuchungen Liebig's und seiner Schüler. Der Name Liebig wird zu einem Stern erster Grösse am chemischen Himmel.

Wöhler schreibt an Liebig auf dessen Klage, dass ein Russe, von Göttingen nach Giessen gekommen, ihn mit seinem Besuch belästigt habe[12]):

„Und was kann ich dafür, dass Du ein berühmter Mann bist, dass aus allen Theilen der Erde, Russland, Norwegen, England, Island und China die Völker aufbrechen

---

[12]) Briefwechsel, I, 143.

und kommen, Dich zu sehen? Mich hat der Russe nur besucht weil Göttingen auf dem Wege von China und Russland nach Giessen liegt. Ist es wahr, dass ein junger Grönländer bei Dir jetzt organische Analysen macht?"

Eine Reise Liebig's nach England im Anfang der vierziger Jahre gestaltet sich zu einem wahren Triumphzug; überall wird er mit grossen Festlichkeiten empfangen. Als er, um einmal das englische Parlament sich anzusehen, im Sitzungssaal erscheint, wird die Sitzung unterbrochen und die Mitglieder des stolzen englischen Parlaments erheben sich von den Sitzen, um den Giessener Professor zu begrüssen und ihm ihre Hochachtung zu bezeugen.

Von England zurückgekehrt, schreibt Liebig an Wöhler[13]):

„Wenn man von Ehren fett werden könnte, so müsste ich einen Bauch wie Falstaff haben, aber satt bin ich bis zum Überdruss davon geworden. Ich schicke Dir beifolgend eine englische Zeitung, welche die Verhandlungen des public dinner enthält und Dich vielleicht interessiren wird."

Im Jahre 1838 bewilligte die Regierung nochmals 12 000 fl. für die Vergrösserung des Laboratoriums; der neue Anbau, grösser als das ganze vorherige Laboratorium, um-

---

[13]) Briefwechsel I, 245.

fasst 2 Arbeitssäle mit zusammen 22 Arbeitsplätzen, ein Waagenzimmer, ein Bibliothekzimmer und ein neues Auditorium. Nachdem dieser Neubau kaum fertig war, wurde dann noch ein kleineres Filiallaboratorium errichtet für den Unterricht der Anfänger und der Etat des Laboratoriums, der mittlerweile auf 1500 fl. gestiegen war, von 1843 ab auf 1900 fl. erhöht. Das Hauptinstitut blieb unverändert bis zur Errichtung des jetzigen chemischen Instituts, das 1890 eröffnet wurde.

In dem erwähnten Auditorium habe ich während meines ersten Studiensemesters, Sommer 1852, die Experimentalchemie bei Liebig gehört. Das Auditorium war viel zu klein; es enthielt etwa 60 Sitzplätze, der Zuhörer aber waren mindestens 120. Die vordersten sassen auf Hockern oder sonstigen improvisirten Sitzgelegenheiten und ihre Tintenfässer standen auf dem Experimentirtisch selbst. In der Hitze des Juli war in dem ziemlich niederen Raum oft eine unerträgliche Temperatur, so dass trotz der interessanten Experimente und des fesselnden Vortrages von den auf den hintersten Bänken Sitzenden mancher sachte durch das offene Fenster hinausglitt in den Garten, um auf dem Loos'schen Felsenkeller gegenüber dem Laboratorium innerlich und äusserlich Abkühlung zu suchen. Zu meiner Schande muss ich gestehen, dass ich auch hin und wieder zu diesen Flüchtlingen gehörte.

Es wäre zu wünschen, dass dieses 1842 in Betrieb gesetzte Liebig'sche Laboratorium als eine culturhistorische Merkwürdigkeit ersten Ranges in unverändertem Zustand erhalten bliebe[14]); es diente zum Muster für die chemischen Laboratorien, die nach und nach an allen deutschen Universitäten eingerichtet wurden.

Am raschesten folgten die kleineren deutschen Staaten, die der Bedeutung des chemischen Unterrichts ein willigeres Verständniss entgegenbrachten als die deutschen Grossstaaten. 1838 rügte Liebig in dem Artikel[15]) „Zustand der Chemie in Österreich", dass die österreichischen Lehrer der Chemie von Chemie nichts verstehen und durch ihren Unterricht nur Schaden stiften, indem sie die Gedanken verwirren und die Schüler auf falsche Wege leiten. Zwei Jahre darauf folgt der Aufsatz[16]) „Zustand der Chemie in Preussen". Da wird der Regierung bitterer Vorwurf daraus gemacht, dass sie für den Unterricht in der Chemie nichts, gar nichts thue. Liebig hebt

---

[14]) Leider ist über das ehemalige Liebig'sche Laboratorium bereits verfügt: die Haupträume sind schon jetzt der chirurgischen Klinik zugewiesen, der nach Fertigstellung des neuen physikalisch-chemischen Instituts auch der zur Zeit noch von Prof. Elbs benutzte Rest zufallen wird.

[15]) Annalen der Chemie und Pharmacie 25, 339.

[16]) Ibidem 34, 97.

die Bedeutung der Chemie für den Nationalwohlstand hervor, ihre Nothwendigkeit für das Verständniss der Medicin, Physiologie, Geognosie, Mineralogie, ihre Wichtigkeit für die allgemeine Bildung, namentlich für die Klärung der Geister gegenüber dem heillos verwirrenden Einfluss, den jahrzehntelang die unklaren Vorstellungen der Naturphilosophie ausübten. Er betont die Nothwendigkeit der praktischen Beschäftigung mit Chemie im Laboratorium, die dem Schüler erst das richtige Verständniss vermittele und ihn chemisch zu denken lehre.

In seiner drastischen Weise erörtert er die Nothwendigkeit, für diesen praktischen Unterricht von Staatswegen die nöthigen Mittel aufzuwenden. „Was in der Mathematik ein Punkt, eine Linie ist, heisst in einem chemischen Laboratorium ein Pfund Schwefelsäure, Salpetersäure, Kupferoxyd u. s. w., lauter Dinge, welche Geld kosten, lauter Gegenstände, welche verwendet werden müssen, nicht um Stiefelwichse zu machen oder Seife zu kochen, sondern die dazu dienen, um den Studirenden mit der Sprache der Erscheinungen, mit den Eigenschaften der Körper und ihrem Verhalten bekannt zu machen." Man könne von den Studirenden nicht verlangen, dass sie das Alles aus eigenen Mitteln beschaffen. Ob man denn den Medicinern zumuthe, die Kosten der Kliniken selbst zu bestreiten. Endlich wird nachgewiesen, dass an keiner einzigen preussischen Universität ein chemisches Unterrichtslaboratorium existirt.

Als für die damaligen Verhältnisse charakteristisch verdient bemerkt zu werden: der Artikel über Österreich bewirkte, dass Liebig alsbald unter äusserst günstigen Bedingungen einen Ruf als Professor nach Wien erhielt. Diesen Ruf abzulehnen wurde er hauptsächlich veranlasst durch ein Mitglied des grossherzoglichen Hauses. Prinz Emil von Hessen stellte Liebig vor, dass er mit seinen liberalen Gesinnungen an der von Metternich'schem Absolutismus eingeschnürten Wiener Hochschule sich niemals werde eingewöhnen können; eine Argumentation, die für den Kenner der Verhältnisse von dieser Stelle aus der Komik nicht entbehrt, die jedoch den Zweck erreichte. Es gelang der Beredsamkeit des sehr klugen und diplomatisch gewandten Prinzen, den geschätzten Lehrer der Landesuniversität zu erhalten. Liebig hat nachmals die Sonderausgabe seiner „chemischen Untersuchung des Fleisches" dem Prinzen Emil gewidmet und auf das eben erwähnte Vorkommniss bezieht sich der Beginn der Widmung, wo Liebig für einen in schwieriger Lebenslage ihm gütigst ertheilten Rath seinen Dank ausspricht.

In Preussen dagegen nahm man die freimüthigen Äusserungen Liebig's sehr übel.

Den preussischen Unterthanen wurde in jeder möglichen Weise erschwert, in Giessen zu studiren und es dauerte viele Jahre, bis man Liebig's Schandthaten vergessen hatte. An den meisten preussischen Universitäten wurden erst mit Beginn der sechziger Jahre chemische Institute in's Leben gerufen.

Die nationalöconomische Bedeutung des chemischen Unterrichts wird von Liebig wiederholt und wiederholt hervorgehoben. In der That ist die ungeheure Entwicklung unserer chemischen Industrie zum nicht geringen Theil der von dem Giessener Laboratorium ausgehenden Anregung zuzuschreiben.

Schon Liebig's directer Einfluss auf die chemische Industrie ist ein sehr erheblicher. Durch ihn unmittelbar hervorgerufen ist die ganze Industrie der künstlichen Düngemittel, von deren gewaltigem Umfang die Zahlen beredtes Zeugniss ablegen[17]).

Die mächtigen Lager von Kalisalzen über dem Stassfurter Steinsalzlager, die man früher lediglich, um zu dem Steinsalz zu gelangen, abräumte, die daher noch jetzt unter dem Gesammtnamen „Abraumsalze" gehen, waren früher so gut wie werthlos. Die Herstellung von Kalisalzen für den landwirthschaftlichen Bedarf rief dort eine Industrie in's Leben, die im Jahre 1890 mit

---

[17]) Wichelhaus, Wirthschaftliche Bedeutung chemischer Arbeit. Braunschweig 1893, S. 3 ff.

10 000 Arbeitern für rund 230 Millionen Mark Waaren erzeugte.

In seiner Agriculturchemie bespricht Liebig die Verwendung von Knochen zur Düngung, dabei empfiehlt er, die Knochen zuvor mit Schwefelsäure löslich zu machen oder aufzuschliessen. Mit dieser Aufschliessung von Phosphaten, der Herstellung der sogenannten Superphosphate, waren 1893 nicht weniger als 88 Fabriken beschäftigt, die über 4 Millionen Centner Schwefelsäure verbrauchten! Dazu ist neuerdings die Verwendung der phosphorsäurereichen sogenannten Thomasschlacke gekommen, die zum nicht geringen Theil durch die vortrefflichen Arbeiten der hiesigen landwirthschaftlichen Versuchsstation eingeführt wurde; ihr Verbrauch wird für 1890 zu 10 Millionen Centner im Werth von 15 Millionen Mark angegeben. Endlich reiht sich daran die Einfuhr von Guano, von der vor Liebig keine Rede war. Im Ganzen schätzt man, was die deutsche Landwirthschaft an Phosphaten verwendet, auf jährlich über 80 Millionen Mark.

Ebenso schliessen sich die Gewinnung von Ammoniak aus Gaswasser und der Import des Chilisalpeters unmittelbar an die Liebig'schen Lehren an.

Die Fabrikation von Blutlaugensalz und Berlinerblau hat Liebig auf Grund eigener Untersuchungen wesentlich verbessert. Liebig pflegte in seinen Vorlesungen von einer Blutlaugensalzfabrik zu erzählen, die er gelegentlich einer Reise durch die westfälischen Industriebezirke besuchte. In dem Schmelzraum war ein unerträglicher Lärm. Liebig fragte nach der Ursache des Höllenspectakels. „Ja", sagte der Besitzer, „wenn meine Töpfe recht schreien, so bekomme ich mehr Blutlaugensalz;" die Rührer zum Umrühren der schmelzenden Masse waren nämlich stark aufgepresst und rieben mit grossem Kraftaufwand das zur Bildung des Salzes nöthige Eisen vom Boden des Kessels ab. Zu der Herstellung von Berlinerblau wurde die Mischung von Eisenvitriol und Blutlaugensalz mehrfach wiederholt in hochgelegene Reservoirs gepumpt, von denen man sie dann über Terrassen herunterrieseln liess. Der Fabrikant war nicht wenig erstaunt, als der Professor ihm erklärte, dass durch Zusatz von etwas altem Eisen das Geschrei der Kessel und durch einige Handvoll Chlorkalk die Wirkung der Cascaden mit grosser Ersparniss an Geld und Zeit ersetzt werden könne.

Noch erinnere ich an die Herstellung von Cyankalium, die man Liebig verdankt, und die mannigfaltige Anwendung dieses Salzes in der Galvanoplastik, Photographie und zur Extraction des Goldes aus dem Quarzgestein; endlich sei auch der Fabrikation von Silberspiegeln gedacht.

Erwähnen möchte ich bei dieser Gelegenheit, dass Liebig aus allen diesen durch ihn eingeführten technischen Betrieben nicht der mindeste pecunäre Vortheil erwachsen ist. Die einzige seiner Entdeckungen von der er einen pecunären Gewinn hatte, war die Herstellung des Fleischextractes. Die Actiengesellschaft, die in Fray Bentos gegründet wurde, hielt es für recht und billig, das Verdienst des Entdeckers dadurch zu lohnen, dass sie ihm ohne Zahlung eine Anzahl von Actien überliess, die sich, da die Gesellschaft nachmals hohe Dividenden zahlte, als ein sehr werthvoller Besitz erwiesen.

Viel grösser als der doch schon recht erkleckliche directe Einfluss war die mittelbare Einwirkung Liebig's auf die chemische Technik. Nicht nur dass durch den chemischen Unterricht der Industrie die nöthigen wohl ausgebildeten Kräfte geliefert, dass die Gedanken auf neue Anwendungen chemischer Processe hingeleitet wurden, er erweckte auch ein allgemeines Interesse für Chemie, so dass die Capitalisten trachteten, ihre Mittel dieser Art von Unternehmungen zuzuwenden.

Die chemische Industrie Deutschlands war bis Anfang der vierziger Jahre sehr beschränkt und von der Wissenschaft kaum beeinflusst.

Wenn Sie die Merck'sche Fabrik, wie

sie Mitte der dreissiger Jahre war, kaum mehr als ein etwas grösseres Apothekenlaboratorium, in Gedanken gegenüberstellen dem heutigen Etablissement, das ein Areal von 72 000 qm bedeckt, mit 12 Dampfkesseln von zusammen 1 600 qm Heizfläche und 350 Pferdekräften arbeitet, 700 Arbeiter und 170 Beamte, darunter, ausser Ingenieuren, Aerzten, Apothekern, Thierärzten, nicht weniger als 35 studirte Chemiker beschäftigt, so haben Sie ein ungefähres Bild von dem Unterschied zwischen der chemischen Industrie der dreissiger Jahre und der heutigen.

Von der ungeheuren Ausdehnung der jetzigen chemischen Industrie eine Vorstellung zu geben, ist schwer. Es ist kaum möglich, die Production ziffermässig festzustellen. Nur für Aus- und Einfuhr findet man genauere Zahlenangaben[18]). Die Ausfuhr von Fabricaten der chemischen Industrie wird für 1896 zu 324,4 Millionen Mark angegeben, der Überschuss von Ausfuhr über die Einfuhr zu 209,2. Diese Werthe stehen nur hinter denen von zwei anderen Industriezweigen zurück, hinter der Metall- und Textilindustrie. Der Werth der chemischen macht etwa den siebenten Theil aus von dem aller ausgeführten Fabrikate. Für meine verehrten Zuhörer, die ja den Mittel- und Niederrhein

---

[18]) Voigt, Deutschland und der Weltmarkt. Preuss. Jahrbücher 1898, Heft 2, S. 269.

kennen, diesen Hauptsitz der chemischen Industrie, ist es kaum nöthig, deren grossartige Entwicklung näher zu erörtern. Sie haben diese Masse von chemischen Fabriken gesehen in Hanau, Offenbach, um Frankfurt herum, in Griesheim, Höchst, Biebrich, Ludwigshafen, Köln, Elberfeld, Essen, Duisburg; überall sieht man in Menge die hohen Essen der chemischen Fabriken gen Himmel ragen. Und was für grossartige Werke sind darunter — um nur eins zu erwähnen: Die badische Anilin- und Sodafabrik mit einem Actiencapital von 18 Millionen Mark beschäftigt 5000 Arbeiter, 100 studirte Chemiker, die mehrentheils den Doctorgrad besitzen, 230 kaufmännische Beamte, 30 Ingenieure; sie arbeitet mit 83 Dampfkesseln von zusammen 12000 qm Heizfläche, mit 190 Dampfmaschinen von zusammen 6500 Pferdekräften; 4 Dynamos mit 1000 Pferdekräften speisen 6400 Glüh- und 470 Bogenlampen. Ähnliche Verhältnisse finden Sie bei den Höchster Farbwerken, bei den Elberfelder Farbwerken vorm. Bayer & Cie.

Es wäre übertrieben, wollte man die Ursache der mächtigen Entwicklung der chemischen Industrie lediglich der Einführung des chemischen Unterrichts zuschreiben. Andere Industriezweige haben sich im Lauf des Jahrhunderts in ähnlicher Weise entwickelt. Dass aber Deutschland, das vor Liebig in der chemischen Industrie hinter

Frankreich und England weit weit zurückstand, dass Deutschland, wo man vor Liebig kaum wusste, was Chemie ist, jetzt in der chemischen Industrie ganz unbestritten allen anderen Culturstaaten voransteht, so dass es in der ganzen Welt den Markt der chemischen Producte beherrscht, das verdankt man, daran zweifelt kein Sachverständiger, dem von Liebig eingeführten chemischen Unterricht.

Das Wesentliche dieses Unterrichtes liegt darin, dass die Schüler in die reine Wissenschaft eingeführt und ohne Rücksicht auf ihren etwaigen künftigen Beruf zu wissenschaftlichen Chemikern ausgebildet werden, die danach ebensowohl für Lehrthätigkeit und Forschung, wie für jede Art Anwendung der Chemie in gleicher Weise befähigt sind.

Im Anfang seiner Lehrthätigkeit musste Liebig erst ausfindig machen und probiren, wie man eine grössere Zahl von Schülern gleichzeitig zu chemischen Arbeiten anleiten kann, denn ein Vorbild, nach dem er sich hätte richten können, existirte ja nicht, da noch nirgends ein chemisches Unterrichtslaboratorium bestand.

Es ist der noch heute übliche Gang, den Liebig einführte: er macht die Schüler vermittelst der qualitativen Analyse mit den Eigenschaften der Körper bekannt und lehrt sie die chemischen Umsetzungen verstehen, geht von einfacheren zu complexeren Mischungen, dann zu quantitativen Bestimmungen und zur

Darstellung von Präparaten über, um, wenn der Schüler chemisch zu denken und zu arbeiten gelernt hat, in einer selbständigen wissenschaftlichen Untersuchung seinen Abschluss zu erhalten.

Dieser letzte Theil des Unterrichts ist es, dem sich Liebig, nachdem erst einmal der methodische Gang durch einige Erfahrung erprobt war, fast ausschliesslich widmete.

Der Meister gibt die Aufgabe, in seinem Kopfe laufen, wie die Radien eines Kreises in dem Mittelpunkte, alle die Probleme zusammen, an denen die Schüler arbeiten. Er überwacht die Ausführung, aber derart dass Jeder möglichst selbständig seinen Weg suchen muss. Er lässt sich jeden Tag berichten was geschehen ist, und vorschlagen was weiter geschehen soll, immer darauf bedacht, den Schüler zu eigenem Denken und zu genauem Beobachten anzuleiten.

Die scharfe Auffassung des Wesentlichen an den Vorgängen, der charakteristischen Merkmale war bei Liebig schon in frühester Jugend entwickelt. Sein Gedächtniss für die Eigenthümlichkeiten der Körper war erstaunlich. Jeden Körper, den er einmal in der Hand gehabt, pflegte er vom blossen Ansehen sofort wieder zu erkennen. Die Fähigkeit präciser Beobachtung suchte er auch bei den Schülern zu entwickeln. Über die Natur eines Stoffes klärt er den Schüler lieber durch eine charakteristische Reaction auf, die er ihm vormacht, als durch Worte. Ein solcher „Vortrag ohne Worte" hat mir einen derartigen Eindruck gemacht, dass ich die Scene noch vor mir sehe. 1856 hatte Béchamp angegeben, Albumin liefere bei Oxydation mit Permanganat Harnstoff. Ein junger Amerikaner wiederholte im Münchener Laboratorium Béchamp's Versuche und brachte Liebig eine winzige Menge von Kryställchen, die er aus dem Abdampfrückstand des alkoholischen Auszugs der Oxydationsproducte auf Zusatz von Salpetersäure erhalten hatte und als salpetersauren Harnstoff ansprach. Liebig streift das Präparat mit einem halben Blick, richtet seine grossen Augen auf den Überbringer, als ob er ihm bis in den tiefsten Grund der Seele blicken wollte, nahm die Kryställchen in ein Rohr und erhitzte sie; sie schmolzen erst in hoher Temperatur ohne Bildung von Sublimat, ohne Schwärzung und in starker Glühhitze fing die Schmelze an Gas zu entwickeln. Noch ein mehrere Secunden langer Blick auf, oder vielleicht besser gesagt, nach Art der Röntgenstrahlen durch den verblüfften Jüngling und die Unterweisung war beendet.

Liebig verstand vorzüglich die Schüler anzuspornen, dass sie in der Arbeit, dem Studiren, dem Nachdenken, dem edlen Wettstreit untereinander die ganze Kraft einsetzten. „In dem Zusammenleben und stetem Verkehr untereinander", so berichtet

Liebig selbst[19]), „und indem Jeder theilnahm an den Arbeiten aller lernte Jeder von dem Andern. Im Winter gab ich wöchentlich zweimal eine Übersicht über die wichtigen Fragen des Tages. Es war zum grössten Theil eine Übersicht über meine und ihre eigenen Arbeiten in Verbindung gebracht mit den Arbeiten anderer Chemiker.

Wir arbeiteten, wenn der Tag begann bis zur sinkenden Nacht. Zerstreuungen und Vergnügungen gab es in Giessen nicht. Die einzigen Klagen, die sich stets wiederholten, waren die des Dieners Aubel, der am Abend, wenn er reinigen wollte, die Arbeitenden nicht aus dem Laboratorium bringen konnte. Die Erinnerung an ihren Aufenthalt in Giessen erweckt, wie ich häufig höre, bei den meisten meiner Schüler das wohlthuende Gefühl der Befriedigung über eine wohl angewendete Zeit."

Ein besonders schönes Beispiel dieses Zusammenarbeitens bietet die grosse Untersuchung über Verhalten und Zusammensetzung der Fette aus dem Jahre 1840, mit der Redtenbacher, Varrentrapp, Herm. Meyer, Bromeis, Stenhouse, Lyon Plaifair ihre Sporen verdienten[20]).

Dass die streng wissenschaftliche Ausbildung der Chemiker auch für die Techniker

---

[19]) Ber. d. d. chem. Ges. 23, III, 827.
[20]) Annalen der Chemie und Pharmacie 35, 44 bis 111, 174 bis 216, 277 bis 281.

weitaus die beste sei, führt Liebig den Industriellen immer wieder zu Gemüthe. „Ich kenne viele (von meinen Schülern)", schreibt er[21]), „welche jetzt an der Spitze von Soda-, von Schwefelsäure-, von Zucker-, von Blutlaugensalzfabriken, von Färbereien und anderen Gewerben stehen; ohne je damit zu thun gehabt zu haben, waren sie in der ersten halben Stunde mit dem Fabrikationsverfahren aufs vollkommenste vertraut, die nächste brachte schon eine Menge der zweckmässigsten Verbesserungen. Sie waren gewöhnt, bei allen ihren Arbeiten im Laboratorium sich die genaueste und zuverlässigste Kenntniss aller Materien zu erwerben, die in ihren Arbeiten zur Anwendung kamen; sie hatten als die unerlässlichste Bedingung zur Vermeidung von Irrthümern die Nothwendigkeit einsehen lernen, die gebildeten Producte einer gründlichen Untersuchung in Beziehung auf ihre Zusammensetzung zu unterwerfen, woraus sich von selbst die Quellen der Fehler, die Beseitigung der Verluste, die Verbesserung der Apparate, die Vervollkommnung des Verfahrens ergab. Alles dies lernt man nicht, wenn man nach blossen Recepten arbeitet."

Wenn nun auch das Einarbeiten in die technischen Methoden, die jetzt ja gegen damals hundertfach mannigfaltiger sind, nicht

---

[21]) Ann. 34, 129.

mehr so glatt und schnell vor sich geht, so hat sich doch diese Art streng und ausschliesslich wissenschaftlichen Unterrichts in mehr als fünfzigjähriger Erfahrung bewährt, wir haben sie deshalb ganz allgemein beibehalten. Sie erklärt Ihnen den Sinn und das Wesen unserer Doctordissertationen, und warum wir die Doctorpromotionen hochhalten, die von manchen als veraltet oder als eine Geldschneiderei gebrandmarkt werden. Die Zulassung zur Promotion ist bedingt durch eine selbständige chemische Untersuchung, durch die der Candidat beweist, dass er vertraut ist mit der Art, wie eine wissenschaftliche Frage gelöst wird, und der Doctortitel, den wir verleihen, ist eine officielle Bescheinigung für den Candidaten, dass er wissenschaftlich denken und arbeiten kann.

Wir halten daran um so mehr fest, als wir, wie gesagt, grade in dieser rein wissenschaftlichen Ausbildung unserer Chemiker eines der Fundamente für die Präponderanz der chemischen Industrie Deutschlands erkennen. Der Franzose und Engländer ist in der Regel nicht geneigt, Jahre auf eine Ausbildung zu verwenden, deren Zweck ihm nicht unmittelbar vor Augen tritt; er will direct auf das Ziel los und sich nicht darum kümmern, was abseits des Weges liegt; wenn aber dann der gewohnte Weg ungangbar wird, so kann er sich nicht zurechtfinden; während der, der nicht den Weg, sondern die ganze Gegend kennen gelernt hat, sich leicht einen andern Weg sucht. So sehen wir in den grössten chemischen Fabriken als Directoren Männer, die früher auf dem Katheder standen, jeden Augenblick dahin zurückkehren könnten und jeder Universität zur Zierde gereichen würden.

In Deutschland ist allerdings die umfassendere Ausbildung durch die Schule erleichtert, die uns schon früh daran gewöhnt, nicht auf den unmittelbaren Nutzen zu arbeiten. Es ist zu bedauern, dass neuerdings mehr und mehr von der Schule statt allgemeiner, aber gründlicher Gymnastik des Geistes, unmittelbar verwerthbare Kenntnisse verlangt werden. Die fortschreitende Beschränkung der humanistischen Bildung kann nicht verfehlen, mit der Zeit auch den Universitätsunterricht von seiner wissenschaftlichen Höhe herabzudrücken.

Es kann nicht Wunder nehmen, dass Liebig durch den Laboratoriumsunterricht über die Maassen angestrengt wurde. Auf einmal eine grössere Zahl wissenschaftlicher Untersuchungen zu leiten, für zwanzig und mehr emsige Arbeiter planen, grübeln, denken, neben unablässiger eigener mit Leidenschaft betriebener Arbeit, das würde auch jetzt den Lehrer aufreiben; aber unsere jetzige Arbeit verhält sich zu der damaligen, wie der Wanderer, der auf glatter, mit Wegweisern wohl versehener Strasse munter seines Weges zieht, zu dem Pfadfinder, der durch dichtes Gestrüpp, durch Moor und Sumpf, über reissende Wasser und ragende Berge mühsam einem Ziele von unbekannter Lage zustrebt. Die Klage über den aufreibenden Laboratoriumsunterricht bildet denn auch einen stehenden Gegenstand in Liebig's Briefen, und es war hauptsächlich die Befreiung von dem Laboratoriumsunterricht, was Liebig veranlasste, 1852 einem Rufe nach München zu folgen. Er schreibt darüber (14. März 1853) an Wöhler: „Ich bin fest entschlossen, den praktischen Cursus, der mich aufrieb und wegen dessen ich von Giessen wegzog, hier nicht fortzusetzen. Theurer Freund, Du wirst mich verstehen, ich habe 28 Jahre lang diesen Karren im Dreck gezogen und es fehlt mir die Kraft, es weiter zu thun. Wenn ich irgend noch thätig sein will, so muss ich mich beschränken . . . . . Seit Jahren war ich nicht so wohl als diesen Winter, blos weil ich weniger meinen Kopf anzustrengen hatte."

Der Entschluss, Giessen zu verlassen, war Liebig gleichwohl sehr schwer geworden, und es hätte nur ein wenig Entgegenkommen bedurft, ihn in Giessen zu halten. Aber der Minister Herr von Dalwigk war damals so emsig beschäftigt, in dem Grossherzogthum den vormärzlichen Zustand vollständig wiederherzustellen, dass ihm für solche Kleinigkeiten wie eine Giessener Professur kein

Interesse übrigblieb; man bemühte sich daher in keiner Weise, Liebig der Landesuniversität zu erhalten.

Die Berufung Liebig's nach München war bekanntlich von König Max II selbst ausgegangen, der, wohlwissend was seinem Bayerlande abging, einen Kreis von höchst intelligenten und geistreichen Gelehrten und Schriftstellern an seinem Hofe versammelte. Es handelte sich also weniger um Liebig's chemische Schule, als um den anregenden, für den Culturfortschritt bahnbrechenden Gelehrten und Denker.

In diesem Sinne hat Liebig, kurz nachdem er in München heimisch geworden und mit dem Bau seines chemischen Institutes zurechtgekommen war, im chemischen Hörsaal die seiner Zeit viel besuchten und viel besprochenen Abendvorlesungen für ein grösseres Publicum ins Leben gerufen. Er selbst eröffnete die Reihe mit einem Cyclus von acht Vorlesungen, in denen er die Grundzüge der Chemie skizzirte.

Sein Vortrag war weder sehr fliessend noch formvollendet, aber im höchsten Grade fesselnd und überzeugend, es kam alles so heraus, als ob er es eben erst entdeckt hätte.

In der ersten Vorlesung kam er auf religiöse Dinge zu sprechen. Liebig war frommen Sinnes — nicht frommgläubig im Sinne der Orthodoxen oder Pietisten, auch nicht ohne jede Beziehung zu seiner naturwissenschaftlichen Erfahrung wie Rud. Wagner, der Physiologe, der Naturforschung und Glaube auf seine zwei Augen vertheilt und immer das eine krampfhaft zudrückt, wenn er das andere in Thätigkeit setzt — sondern im Sinne des echten Naturforschers, der aus dem gesetzmässigen Walten und zweckentsprechenden Zusammenwirken der Naturkräfte rückschliesst auf einen Geist von unendlicher Vollkommenheit, der Alles nach Maass und Zahl geordnet hat. So entwickelt er denn in der Einleitung zu jenen Vorlesungen, dass die wahre Naturforschung zur Erkenntniss eines höchsten Wesens und nicht zu dessen Ableugnung führt. Diese Vorlesung machte damals viel Aufsehen und wurde in allen Zeitungen besprochen. Auf sie bezieht sich der Scherz, mit dem, wie man erzählt, der Grossherzog Ludwig III. von Hessen in jener denkwürdigen Unterredung Herrn von Kettler, den Bischof von Mainz aufs Gründlichste abführte. Der Bischof klagt über das Überhandnehmen des Materialismus und wünscht, dass von Staatswegen etwas gegen die Materialisten geschehe. Der Grossherzog, dem das Drängen des Bischofs lästig war, sagte darauf — Se. Hoheit beliebten sich des Dialektes seiner Haupt- und Residenzstadt zu bedienen, und ich würde seiner Aussage zu nahe treten, wenn ich sie hochdeutsch wiedergeben wollte —: Mein, da hat's ja neulich in Münche der Liebig dene Materialiste so gegebe." O, Kgl. Hoheit, wirft der Bischof ein, Liebig ist ja selbst Materialist. — „Entschuldige Se, des weiss ich besser, Sie meine sein Vater."

In München behagte es Liebig sehr wohl: „Ich fühle", schreibt er im December 1852 an Wöhler, „dass ich einen guten Tausch gemacht habe; man lebt doch in den kleinen Nestern gar wenig und hat für alle die grosse Mühe und Anstrengung wenig Erholung." — In Liebig's Haus entwickelte sich alsbald reger Verkehr einer Zahl von hochbedeutenden Männern; da war der geistreiche Dönniges, der witzige Mediciner Pfeufer, der berühmte Maler Wilh. Kaulbach, der Minister Zwehl, der Dichter und Intendant des Hof-Nationaltheaters Dingelstedt, die Dichter Geibel und Bodenstedt. Aber selbst aus dem Kreise dieser bedeutenden Männer ragt doch Liebig durch Fülle und Originalität der Gedanken, durch seine fascinirende Persönlichkeit hervor. Ich kann ihn in dieser Hinsicht nicht besser schildern als mit den Worten, mit denen der greise Döllinger bei Übernahme des Akademiepräsidiums seines Vorgängers gedenkt.

„So gross auch Liebig's wissenschaftliche Leistungen und Verdienste", sagt Döllinger, „so werden doch nicht wenige von denen, die ihn näher zu kennen das Glück hatten, mit mir sagen, dass seine Persönlichkeit immer noch höher gestanden als seine geistigen Hervorbringungen. Im geschäftlichen, wie im freundschaftlichen Verkehr mit ihm ist mir stets der Eindruck eines edlen, vornehmen, niederen Motiven unzugänglichen Charakters geblieben, der nicht blos als Gelehrter, auch als Mensch berufen war, eine wohlthuende Macht nach verschiedenen Seiten hin auszuüben. Nie bin ich von ihm gegangen, ohne mich belehrt, angeregt und innerlich erquickt zu fühlen. Selbst wenn er über nicht wissenschaftliche Dinge, über Dinge des gesellschaftlichen oder staatlichen Lebens sprach, überkam mich das Gefühl, als trage er eine tiefe Lehre vor, als klinge ein reiches Gedankenleben in seinen leicht hingeworfenen Worten sich aus."

Aus München hat Liebig zwar noch einige rein wissenschaftliche Arbeiten veröffentlicht, sein Hauptinteresse aber wendet er mehr und mehr der Entwicklung seiner Ideen über die Ernährung der Pflanzen und die rationelle Landwirthschaft zu. Er lässt nicht ab in dem harten Kampfe mit dem Empirismus der Landwirthe, dem eine ganze Reihe von agriculturchemischen Streitschriften aus den fünfziger Jahren gewidmet ist. 1859 erscheint die vierte, durch eine Anzahl landwirthschaftlicher Capitel vermehrte Auflage seiner chemischen Briefe.

Liebig arbeitete mit der Feder nichts weniger als leicht. In strengster Selbstkritik formt er seine Sätze um, ergänzt, ändert und ändert wieder, bis er den Gedanken so klar und so drastisch zum Ausdruck gebracht hat, dass er glaubt, nun nichts mehr bessern zu können. In seinen Manuscripten, die zur Änderung zerschnitten werden, um Stücke wegzunehmen und andere zwischenzukleben, wechseln meterlange Streifen mit halbhandbreiten Blattrudimenten; meistens schreibt er die gleiche Sache mehrfach, drei, viermal, und doch sind oft die Manuscripte bis zur Unleserlichkeit corrigirt; ich habe damals mehrere der landwirthschaftlichen Briefe abgeschrieben, weil kein Setzer sie zu entziffern im Stande war.

Weiterhin bearbeitet Liebig die 7. Auflage seiner Chemie in Anwendung auf Agricultur und Physiologie. Er schreibt darüber im Febr. 1862 an Wöhler: „.... ich liege in den Wochen mit meinem Buche; wie kühn und glatt gehen diese Dinge einem von der Hand, wenn man jung ist, und wie schwer im Alter, wo das Gedächtniss eine Unterstützung braucht und man bedenklich in tausend Dingen wird, um die man sich sonst nicht kümmerte. Das Buch soll in zwei Abtheilungen erscheinen, die zweite unter dem besonderen Titel „Naturgesetze des Feldbaues". Ich habe die Pflanze für sich (wie Dir ein Stück in den Annalen zeigen wird) als ein organisches Wesen zunächst betrachtet, welches seine ihm eigenen Bedürfnisse hat, dann den Boden, dann die Bewirthschaftung mit Stalldünger, mit Guano und Poudrette abgehandelt. Das Buch macht mir ebenso viel Vergnügen als Arbeit . . . . ".

Einige Tage später schreibt er (9. Febr. 1862):

„Meine Agriculturchemie nimmt meinen ganzen Kopf ein. Ich dachte heute daran, wie doch die Unwissenheit das grösste aller Übel ist, weil es das Grundübel ist. Den Reichen schützt sein Reichtum, wenn er unwissend ist, nicht vor der Armuth, und der Arme, der das Wissen hat, wird durch sein Wissen reich. Ohne dass der unwissende Landwirth es nur gewahr wird, beschleunigen seine Mühe und Sorge nur seinen Untergang. Die Erträge seiner Felder nehmen durch die Stallmistwirthschaft fortwährend ab, und seine gleich ihm unwissenden Kinder und Enkel sind zuletzt unvermögend, sich auf der Scholle zu behaupten, auf der sie geboren sind, und sein Land fällt in die Hände dessen, der das Wissen hat."

Viele der Klagen unserer jetzigen Grossgrundbesitzer sind ganz sicher auf diese Ursache zurückzuführen. Da wo man bei Zeiten Liebig's Lehren beherzigte, wie in dem grössten Theile des Grossherzogthums, namentlich in Rheinhessen, wo der verdiente Landwirthschaftslehrer Schneider aus Worms schon vor vielen Jahrzehnten als begeisterter Apostel der Liebig'schen Lehren eine höchst segensreiche Wirksamkeit entfaltete, da hört man nichts von agrarischem Jammergeschrei.

Im Jahre 1860 wurde Liebig zum Präsidenten der kgl. Akademie der Wissenschaften in München ernannt. Als solcher hatte er in den jährlichen zwei Festsitzungen Vorträge zu halten. So entstand eine Reihe von Aufsätzen philosophischen, historischen, nationalöconomischen Inhalts, alle ideenreich, voll tiefer Lebensweisheit, Muster populärer Darstellung, auf deren Inhalt einzugehen ich mir versagen muss, um Ihre Geduld nicht über Gebühr in Anspruch zu nehmen.

Die letzte grössere Arbeit Liebig's erschien 1870 in den Annalen; es ist die ausführliche Abhandlung über Gährung, Quelle der Muskelkraft und über Ernährung. Die da eingehend begründete Erklärung der alkoholischen Gährung ist neuerdings, nachdem sie über zwei Jahrzehnte als gänzlich beseitigt gegolten hatte, durch die Entdeckung Buchner's auf's glänzendste rehabilitirt worden. Seine Ansicht, dass die Muskelkraft hauptsächlich der Zersetzung der Eiweissstoffe entstamme, wird zur Zeit von den Physiologen zurückgewiesen. Ich zweifle nicht, dass sie ein ähnliches Schicksal erleben wird wie seine Gährungstheorie, denn die betreffs Ernährung der arbeitenden Thiere und Menschen im Grossen gemachten Erfahrungen können durch physiologische Versuche im Kleinen nicht widerlegt werden.

Im Jahre 1870 wurde Liebig von einer so schweren und langwierigen Krankheit befallen, dass er sicher glaubte, es gehe mit ihm zu Ende. Er ordnete seine Angelegenheiten bis in's kleinste Detail und behandelte seinen baldigen Tod als eine ganz ausgemachte Sache. So liess er seinen Sarg anfertigen und gab Weisung, wie seine Leiche solle behandelt werden.

Vollständig hat sich Liebig von dieser Krankheit nicht wieder erholt. Schlaflosigkeit und chronischer Kopfschmerz blieben zurück, die ihn vielfach plagten und namentlich am Arbeiten verhinderten. Das intensive Durchdenken eines Problems, klagte er, sei ihm unmöglich geworden; sowie er anhaltend nachdenke, stelle der lästige Kopfschmerz sich ein. Dies verdarb ihm die Lebensfreude. Wenn man auch nicht sagen kann, dass er sich nach dem Tod gesehnt habe, so war ihm doch das Leben gleichgültig geworden; „es ist nicht mehr der Mühe werth zu leben, wenn die Thatkraft geschwunden ist." Seinem Tode sah er mit der grössten Ruhe und Gelassenheit entgegen. „In der Natur ist alles nach ewigen und unwandelbaren Gesetzen so wohl geordnet", meinte er, „was daher auch immer nach dem Tode mit uns geschehen mag, wir dürfen sicher sein, dass das Beste aus uns wird, was unter den gegebenen Umständen daraus werden kann".

Buchdruckerei von Gustav Schade (Otto Francke).

MIX
Papier aus verantwortungsvollen Quellen
Paper from responsible sources
FSC® C105338

If you have any concerns about our products,
you can contact us on
**ProductSafety@springernature.com**

In case Publisher is established outside the EU,
the EU authorized representative is:
**Springer Nature Customer Service Center GmbH
Europaplatz 3, 69115 Heidelberg, Germany**

Printed by Libri Plureos GmbH
in Hamburg, Germany